猫といる部屋

芳賀 融
Haga Toru

風詠社

目次

装幀　2DAY

猫といる部屋

さうして何時の間にか此の二疋の猫は私の眼の前に立派に人格化されて、私の家族の一部としての存在を認められるやうになってしまった。

（寺田寅彦「子猫」）

第一章　猫を飼うということ

今から七、八年前のことになるだろうか。同じ年に相前後して、二匹の猫を飼うことになった。最初のは生後二ヶ月ほどたった、茶トラと呼ばれる雑種の雄猫だった。家内がたまたま用事で市の体育館に行った際に、入り口でダンボールの箱に入れられた数匹の捨て猫を見つけ、そのうちの一匹を譲ってもらって連れて来た猫だ。もう一匹は純血種の洋猫で、ノルウェージャン・フォレストキャットという、もともと北欧育ちの毛足の長い、やはり雄の猫だった。こちらも家内が近くのペットショップで見つけたのだが、いつまでも買い手が現れずに生後半年ほどたってしまい、値がだいぶ下がったのを幸いに買ってきた猫だ。名前はどちらも娘が考え、雑種の猫には「コロン」、純血種の猫には「ルピン」と名づけたが、私自身は勝手に、「コロ助」と「ルー」と呼んでいる。

それまで犬を飼ったことはあったが、猫を飼うのは初めてだった。ただ子供の頃、よく親戚の家に連れて行かれた時に、いつもそこに猫がいたので、小さい時から常に身近な存在ではあった。最近では、ペットとしては犬以上に人気があるらしく、猫のいる家は少しも珍しくない。

だが実際に自分で飼ってみると、それまで全く知らなかった事がいろいろとわかってくる。たとえば、犬と違って毎日散歩に連れて行く必要がないことなどはまず最初に感じたことで、こちらにとっては誠に好都合だ。それに何よりも、家の中だけで飼っていて外には出さないようにしているので、居ながらにしてつぶさに観察したり、じかに触れ合う機会もおのずと多くなる。これは一緒に暮らす家族にとっては大きな楽しみであり、時には喜び、また時には慰みでもあるだろう。

しかし、ただ喜んでばかりもいられない。猫は家の中にいると、その習性でカーテンや家具などでしばしば「爪とぎ」をしてボロボロにしてしまう。そういうことはほとんど常識として飼い始める前から聞いていたし、実際我が家でもそのとおりになってしまっている。これは大いに迷惑なことだ。

厄介なのはそれだけではない。数年前に今の家に引っ越したのだが、しばらくしてからコロ助のほうが、家中あちこちに「スプレー」なるものを始めるようになった。これは他の多くの動物にも見られる、いわゆるマーキングの一つで、自分の縄張りを示すための行為だといわれる。しかし、体の一部をこすりつける程度のマーキングならまだしも、オシッコを家中にされたらたまったものではない。それもごくたまにならいいが、毎日のようにされたらこちらも参ってしまう。ペットとは愛玩動物と言うように、本来身近において愛好し、戯れたり楽しんだりするものであるはずなのに、これでは逆に飼い主の人間のほうが振り回されて、かなりのストレスをかかえてしまうことになる。

一口に猫といっても、人と同様にその性格や資質は様々で、決して人間にとって都合のいい猫ばかりではないのだ。結局彼らも我々人間と同じように、基本的には本能に強く支配されている動物なのだ、という事を理解した上で付き合っていかなければならないのだろう。猫を飼うとはそういう事なのだろうと思う。そしてまた、悲喜こもごもいろいろに感じながら、毎日の彼らの様々な行動を見ていると、自分でも何かしら書いてみたいという気になるから不思議だ。昔から、猫に魅せられて絵に描いたり、文章にしたりした人はたくさんいる。私もまたそのうちの一人ということになるだろうか。これもまた、猫の魅力の一つなのかも知れない。

第二章　こどもからおとなへ

ルーが来るまでの何ヶ月間は、コロ助が一人でいたので、小さい頃からある程度おとなになるまで、その成長の過程がよくわかった。もらわれてきた時はまだ生後二ヶ月ほどで、体重も五百グラムくらいしかなく、ひよこの様にふわふわとしたベージュ色の毛で覆われていた。両手を合わせた手のひらに乗るくらいの大きさしかなく、実際に持ってみるとその軽さがよくわかる。しかし、人間の新生児を抱いた時の感覚に似て、その軽さには逆に何か重い意味があるように感じられる。

この時期の仔猫は実に愛らしい。その頃の私のように、まもなく還暦を迎えようとする初老の男が見ても確かに可愛いものだ。正直なところその頃、私自身もいい歳をして、毎日家に帰って仔猫のコロ助に会うのは楽しみだった。

猫は好奇心が強いとよく言われるが、子どもの頃からもそれは顕著に見られる。例え

ば糸くずや紙切れ、布の切れ端などを目の前に置くと、まるで何かに取りつかれたかのようにいじくりまわし、遠くへ飛ばしては追いかけたりする。そんな風にしてしばらくの間は一人でじゃれている。しかし、さっきまで遊んでいたかと思うと突然やめて、それには全く目もくれずにどこかへ行ってしまう。猫は遊びの天才だが、気まぐれなお天気屋でもあるのだ。

半年ほどたってようやく体全体が猫らしくなってくると、その体型と動きには、それまで見られなかった刮目すべきものが現れてくる。少しの無駄もない筋肉質の体で、特にこのコロ助は、普通の猫よりもやや頭が小さく尻尾も長いので、ちょうどチーターを小さくしたような体つきだ。身のこなしも至ってしなやかで俊敏である。さかんに家の中を走り回っているが、その通り道にたまたま私がしゃがんで何かしていても、少しも悪びれることなく私の肩の上を踏んづけて、軽々と乗り越えていってしまう。たぶん私をただの障害物としか思っていないのだろう。

この頃の様々な行動を見ていて、非常に興味深く思ったことがある。何かあるものを見つけたときに、その対象物から少し距離をとってじっと身を伏せ、二、三度腰を細かく左右に振ってから勢いよくそれに跳びかかるのだ。

初めてこの行動を見た時、私はすぐにこれはきっと獲物を捕らえる練習に違いないと

思った。テレビや映画などでよく見るように、トラやライオンなど同じネコ科の動物が、獲物を捕らえる時の動作にそっくりだからだ。小さな猫でも同じように虎視眈々と（もっとも猫だから「虎視」ではなく「猫視」なのだろうが）獲物を狙って仕留める本能は当然あるはずだ。ただ不思議なのは、こうした狩の仕方は、普通は親が手本を示して子どもに教えるものなのだろうが、誰かに教わったわけでもないのに、このような行動がとれることだ。本能とはそういうものかも知れない。

第三章　個性の違い

二匹の猫を飼っていると、その個性の違いがわかって実に面白い。猫にもそれぞれ際立った個性があるということは、実際に自分で飼って、日々その生態を間近で見るまでは全く知らなかった。

雑種のコロ助はもともと家猫の子なので、非常に人懐(なつ)こく時に寂しがり屋だ。誰かを見つけては、すぐに体をこすり付けてきたり、何かある度にすぐに鳴き声をあげて甘えるふりをする。猫は気位が高いというが、確かにそのとおりで、家族に対しても、自分が同等のまたはそれ以上の親しい仲間とでも思っているかのような、全く遠慮会釈のない態度だ。そのくせ誰も相手がいなくなると、とたんに寂しくなるようで、たまにしばらく家を留守にして帰ってくると、ガラス戸や玄関の内側で我々の帰宅を待ち構えていることがしばしばある。

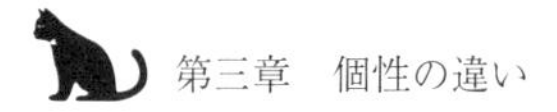

こんなこともあった。もう一方のルーが二度ほど病気になって、二、三日動物病院に入院し、コロ助が一人になってしまった。その間、彼の様子が普段と少し違ってきて、いつもは調子のよい便が急に下痢気味になり、どことなく落ち着きもなくなってしまった様に見えた。はっきりした原因はわからないが、猫とは言え、急に仲間がいなくなってある不安を感じ、神経に微妙な変調をきたした結果、こうなってしまったのだろうか。

それなのに相棒のルーに対しては、ちょっとずる賢く意地の悪いところがある。むこうが気持ちよく寝ているところに、ちょっかいをだして追い払ってしまい、自分がそこにちゃっかり居座って、いつの間にか寝ていることはよくある。また、ルーの食べ残した餌をそのままにしておくと、(彼はまたあとで食べるつもりでそうしておくのだが)相手のいない隙を見て、これもいつの間にかこっそり食べてしまう。

そんなコロ助にも意外に慎重で臆病な面もある。二階の居間の入り口のドアには、下のほうにプラスチック製の小さな扉がついていて、猫が一匹通れるようになっている。ルーはいつも難なく元気にそこから出入りしているのだが、コロ助は常におずおずと、まず頭で扉を押し開けて、その後胴体をゆっくり反らせて「へっぴり腰」の格好で通り抜ける。この時ばかりはいつもの彼の敏捷な動きはみじんも見られない。

ルーも非常に人懐こいが、コロ助と違い性格は至って穏やかでおっとりとしている。

しかし、ノルウェージャン・フォレストキャットという名の示すとおり、もともとは北欧ノルウェイの森の厳しい自然環境で生息していた血統を継いでいる猫だ。そのせいかも知れないが、眼はフクロウのように大きく鋭く、ひげも長くピンと伸びていて、鼻筋が真っすぐに一本通った実に凛々しい顔つきだ。また寒さから身を守るためなのだろう、毛足は長く肉球も厚く硬い。全身がふわふわとした柔らかい毛で覆われているため、見た目は大きく、かさ張る感じだが体重はそれ程でもない。実際に抱きかかえてみると、その意外な軽さにちょっと驚くかも知れない。

この猫の性格で最も顕著なのは、その異常なほどの警戒心の強さだろう。それは特に餌を食べている時に現れる。まず食べ始める前に必ず一通り周囲を見回し、安全であることを確かめた上でないと食べ始めないのだ。そして食べている間も少し食べてはまた周囲を見回し、何事もないか確認する。もし食事中にちょっとでもどこかで物音がすれば、すぐに反応して食べるのをやめ、その音のする方に目をやる。そしてしばらく様子を伺って、安全であることを確かめてからまた食べ始める。そんな事を何度も繰り返しながら彼は食事をするのだ。このような行動はコロ助には絶対に見られない。こちらはただ、出された餌をムシャムシャと遮二無二食べつくすだけだ。このような食事の仕方一つを見ても、やはりルーは厳しい自然の中を生き延びてきた血筋を引き継いでいるのでは、と思ってしまう。

ルーの性格についてもう一つ非常に目立つのは、その極めて穏やかなところだ。コロ助に餌を横取りされてしまった時でも、目の前で食べられているのに、ただ見ているだけで追い払おうともしない。また、お気に入りの居心地のいい場所で気持ちよく寝ているところに、コロ助がちょっかいをだして邪魔しにやってきても、少しも反抗することなくさっさとその場を立ち去ってしまう。どうやら彼は争いごとを好まない根っからの平和主義者なのだろう。

しかしそんな平和を愛する温厚な猫でも、動作は決して鈍いわけではない。容姿に似合わず、その動きはコロ助に劣らず非常に俊敏だ。階段やキャットタワーの昇り降りはコロ助よりも速く、元気一杯に駆け上がり駆け下りる。また部屋の中をウロウロと歩き回っていることがしばしばあるが、一日の運動量としてはむしろルーのほうがコロ助より多いだろう。

第四章　丸刈り事件

飼い始めて一年余りたった頃、訳あって住まいの引越しをしなければならなくなった。「猫は家につく」と言われるが、せっかく住み慣れた家を離れて別の家に移り、果たして新しい環境に適応できるのか、初めのうちはちょっと気がかりだった。しかしこちらが心配したほどのことはなく、すぐに二人とも新しい家に順応できたようだった。人間と同じで、若いと猫も適応力が高いのかも知れない。

そうして半年ほどたった五月の連休の頃だったたと思う。ルーは毛足が長いので、ちょくちょくブラッシングをしてやる必要があるのだが、たまには全身を洗ってやったほうがいいと聞いていた。そこで彼を購入したペットショップに頼んでシャンプーをし、ついでに毛先も少し揃えてもらうことになった。前にも一度、家内が連れて行って同じようにやってもらった事があるというので、今回も頼むことになったのだ。

当日はたまたま家内に用事ができて一緒に行けなくなったが、前にも頼んだことがあるので、事情を話せばわかるし、終わる頃には自分が行って連れて来るというので、私一人で連れて行くことになった。午後の比較的早い時間に私はルーを連れて店に行き、事情を話して前回と同じようにやってもらうよう頼み、ケージに入っているルーを預けた。受付の若い女子店員は、わかりましたと言ってルーを受け取った。店側とのやり取りはそれだけで、私は家に帰って来た。

終わるまでに二、三時間はかかるというので、家内が娘と一緒に引き取りに行ったのは夕方六時ごろだったようだ。二人がルーを連れて家に帰って来たとき私は二階にいたのだが、何やら下のほうで娘と家内が大きな声で騒いでいるのが聞こえた。何事だろうと思って降りて行ってみると、娘が半べそをかきながら、「ルーが大変なことになってる。丸刈りにされちゃった。」と言う。

私も初めは何が起きたのかわからなかったが、ケージの中にいるルーを見ると、確かに頭部と尻尾を除いて胴体の部分の毛がすっかり刈り取られてしまっている。これには私もびっくりしてしまった。それにしてもなぜ、家に着くまでわからなかったのか二人に聞くと、急いでいたので、受け取った時によく中を確かめずに出てきてしまったとのことだった。

ルーを連れて行って頼んだのは私だったので、すぐに店に電話をして事情を聞いてみたところ、どうやらこちらが頼んだ内容と向こうの受け取り方が食い違っていたようだ。こちらで頼んだのは、シャンプーと毛先をそろえる程度に切ってもらうことだったのだが、店のほうではそれを、夏に向けて短く刈ってしまういわゆる「サマーカット」だと取ってしまったらしい。結局店側のちょっとした誤解から生じたことだとわかったのだが、こちらもあまり強く言っても仕方ないし、向こうも申し訳なさそうに丁寧に謝ってくれたので、こちらもそれ以上のことはしなかった。

切ってしまったものは元には戻らないのだし、今更何を言っても始まらないのは充分わかっているのだが、改めてルーを見ると、その姿はやはり何とも哀れだ。頭部と尻尾を除いて首から尻までの毛が全てきれいに刈り取られてしまっていて、今までまったく見えていなかった灰色の薄い縞模様の皮膚がむき出しになっている。両端のふさふさとした長い毛で覆われた部分と、その間のほとんど毛のない皮膚だけの部分が実にアンバランスだ。こんな奇妙な動物は今まで見たことがないし、これではもはや猫とはいえない。これはもうルーではない。これはもうノルウェージャン・フォレストキャットではないのだ。

コロ助も初めてルーのその姿を見た時には、気のせいかいつもとは違ったどこか怪訝(けげん)

そうな様子だった。同じ猫どうしでも相手の異変に気づかずにはいなかったのだろう。それにしても当の本人、ルー自身は、突然の自分の体の変容をいったいどう受けとめていただろうか。元々おおらかな性格だから、家に戻ってきても、何事もなかったかのように平然としているふうには見えたのだが、我々には全く知るよしもないので、余計に哀れに思えてしまう。

結局私たちはなすすべもなく、彼の体毛が再び元の長さに伸びるまで、ただ待つしかなかった。その後の数ヶ月間、私たちはそれまで見たこともなかったこの異様な動物と一緒に生活することになったのだ。その容姿はすっかり変わってしまったものの、普段の行動やしぐさは今までと少しも変わってはいないルーを見て、私はこんなことを考えた。自然は動物にその形態において、それぞれの生にとって必然的なかたちを与えているに違いない。すなわち、この動物にはこのかたちでなければならず、それ以上でもなければそれ以下でもないだろう。そして以前読んだことのあるレオナルド・ダ・ヴィンチの手記の中の一節を思い出した。

「自然の発明のなかには、何一つ過不足がない。」

第五章　知恵くらべ

猫は人間の二、三歳児程度の知恵を持つと言われる。もちろん人間と同様にその程度は猫によって違うし、普通の猫より高い知能を持つ猫もいれば、またそうでない猫もいるだろう。そして今まで見てきた限りでは、コロ助は前者に属するように思われる。

以前の家に住んでいた時、食事をしている間は台所のドアはすべて閉めておいた。食卓の料理のにおいを嗅ぎつけて、彼らが中に入ってきて邪魔をするからだ。ところがすぐにコロ助は、引き戸になっている扉の、木でできた外枠に前足の爪を引っかけ、横に引っ張って難なく開けてしまった。ドアのレバーに前足をかけて回し、開けてしまう猫がいるという話は聞いたことがあったが、横に引っ張れば扉が開くということをいったいどこで覚えたのか、最初はちょっと驚いた。

すぐに私は開かないようにする何かいい方法はないかと考え、引き戸の下のレールのところに細長いつっかえ棒を置いてみた。これはうまくいった。たとえ人間が引っ張ってもこれならまったく動かない。私は一安心したが、コロ助は前と同じように前足で力いっぱい引いて、それでも動かないとわかると、今度は口でくわえて体全体の力で開けようとしたのだ。これはもう知恵というよりほとんど執念と言っていいだろう。何回かやってみてどうしても開かないとわかると、さすがに諦めた様子だったが、おかげであの扉の外枠は、爪と歯による傷でボロボロになってしまった。

今の家に引っ越して間もなく、二階の階段の降り口に柵を作らなければならなくなった。夜のあいだ我々は二階に寝て、家内の母親は一階に寝るのだが、猫は夜行性の動物だから夜中に階段を駆け下りて走り回ることがあり、安眠の妨げになるからである。柵とはいっても猫が降りられなければいい訳だから、大袈裟なものは必要ない。なるべく安く簡単にできる物と考え、押入れの下に敷く木製のスノコを思いついた。すぐに近くのホームセンターで九十センチ四方ほどのスノコを買い求め、階段の降り口に合わせてみたところ、ちょうどいい具合に収まった。使い勝手を考えて、片側を蝶番(ちょうつがい)で止めて扉のように開け閉めできるようにしたところ、意外と使いやすく見栄えもよかった。

簡単な小細工だが我ながらなかなかいい物ができた、としばらくは一人悦に入ってい

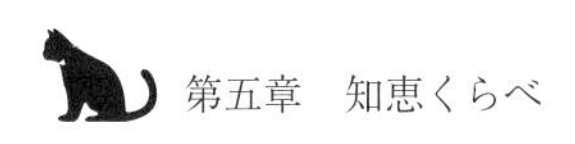

たのだが、それも束の間、すぐに二人ともその九十センチほどの高さの柵を易々とよじ登って、反対側に降りてしまった。彼らのその素晴らしい跳躍力には感心はしたものの、結局私の小細工は通用しなかったことになる。

　しかしせっかくうまくできたと思った物を無駄にするのも癪(しゃく)なので、全く同じ物をもう一つ上につなげて、高さを二倍にしてみた。さすがに今度は彼らもこれだけの高い柵にはよじ登ろうとはしなかった。しかし階段を下から見上げると、二階の正面に二メートル近い柵が聳(そび)え立っていて、なにやら厳重な関所の扉のように物々しく感じられる。たかが猫のためにこんな仰々しいものが果たして必要なのだろうかと思うのだが、他になかなかいい考えも思い浮かばないので、この敵の侵入を防ぐ要塞のような柵は今日までずっと使われている。

　私と彼ら（特にコロ助）との本格的な知恵比べが始まったのは、この二段式の柵が完成してからだった。片側を蝶番で止めて開閉式にしたので、閉めているあいだはもう片方も開かないようにしなければならない。なるべく簡単なやり方にしたかったので、最初柵のまん中あたりに紐をつけてフックに引っかけられるようにした。これは難なくできて、開閉も楽で、しばらくは何の問題もなかった。

ところが数日たったある夜、階段のところでガタガタいう音が聞こえたので、なんだろうと思って見に行くと、コロ助が柵の下のところを前足でこじ開けようとしている。中央部分を紐で止めてあるだけなので、下のほうはちょっと強く引っ張れば紐が伸びて少し隙間ができてしまうのだ。ただ頭が入るほど大きくは開かないので、通り抜けることはできないのだが、降りたい一心でしょっちゅうガタガタやられてはうるさくて困る。柵の中央部でなく下のほうを止める必要がある。それに我々人間のほうも出入りするわけだから、柵のこちら側と向こう側の両方から開け閉めできるようでなければならない。

いろいろと考えた末に、下のほうの一部を切り取って人間の手が入るくらいの小窓を作り、鍵の開け閉めができるようにしてみた。鍵は今度は柔らかい紐でなく丈夫な金属製のほうがいいだろう。小さな輪にL字型の棒を引っかける方式の鍵がもっとも簡単なので、早速買ってきて取り付けることにした。

このやり方もそれほど手間をかけずにできたし、今度は下のほうを少し強く引っ張ってもほとんど隙間はできなくなった。これでまた一安心と思い、数週間が過ぎた。ところがまたしてもある晩、夜中にカチャカチャという音がして、その後トントンと階段を駆け降りていく音が聞こえた。まさかと思って見にいくと、柵はすでに開いていて、二人の姿はどこにも見当たらない。急いで階段を降りてみると、二人とも一階の廊下をウ

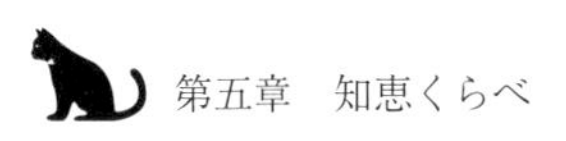

ロウロしていた。恐らくコロ助かルーのどちらかが、何らかの方法で鍵を開けてしまったのだろう。

私はその現場を捕らえたくて、次の日の夜、居間にいる間またあの鍵の音がするのを注意して待っていた。案の定九時ごろになってまたカチャカチャいう音がしたのですぐに行ってみると、コロ助が柵の下の小窓の中に片方の前足を入れて、さかんにL字型の鍵をいじっている。私がすぐそばで見ているのがわかっていても、全く気にせずに鍵を開けることに夢中になっている。どうなるのかと思ってしばらく見ていると、そのうち何かの拍子に鍵ははずれて柵が開いてしまい、最初にコロ助が、続いてすぐそのあとにルーが一目散に階段を駆け下りていった。

丸い輪に通した金属棒を抜けば鍵がはずれて柵が開く、ということをコロ助がどこかで覚えた形跡は全くなかった。あれこれと棒をいじってみて、いわば試行錯誤を重ねた末に、たまたまはずれてしまったようだ。それは偶然だったかもしれないが、私はその知能に感心してしまった。しかし急いで次の策を考えなければならない。手間をかけずに取り付けられて、しかもそう簡単には開けられない鍵は何だろうか。

ホームセンターに行けば、いろいろな方式の大小さまざまな鍵がそろえてある。あれこれ考えながらいくつか物色して、ようやく最後に決めたのが閂（かんぬき）式の鍵だった。これならつまみの部分を持って横に引いてもう一方の鍵穴に通すだけで掛かるし、開けるのも簡単だ。私が何よりいいと思ったのは、開ける時にまずつまみを上に持ち上げなければならず、そのあと横に引くという二段階の操作が必要だということだ。これならコロ助の知恵といえどもそこまでは及ぶまい。

私は家に帰ってすぐに、前の鍵を新しいものに付け替え、今度こそは大丈夫だろうとほとんど確信していた。ところがその日の夜、またしても階段のところでカチャカチャという音が聞こえたので、よもやそんなはずはないと思って見にいくと、コロ助が前と同じように前足で鍵をいじくっている。前回と同様私のことなど全く意に介さず、一心不乱に鍵を開けようとしているのだ。しかし今度のは、まずつまみを上げてから横に引かなければはずれない鍵だから、そんなまねはとてもできないだろう。そう思ってしばらく見ていたら次の瞬間、またしても何かの拍子に閂がはずれて柵が開き、コロ助は勢いよく飛び出して行ってしまったのだ。

この鍵の開け方にしても、それがわかった上でそうしたのではなく、何となく開きそうな方向に何度もいじってみたらたまたまはずれてしまった、というふうにしか私には見えなかったのだが、結果としてはまたしても鍵は開いてしまったわけだ。この方法もまた失敗に終わった。自分の欲望を満たすためには何としてでもやり遂げる、という並々ならぬ彼の執念に私はほとほと感心し、その知恵に脱帽した。「敵ながらあっぱれ」とはこういうことを言うのだろう。しかし呑気に感心してばかりもいられないし、また次の一手を考えなければならない。しばらくのあいだ鍵はそのままにして、彼らがそれに触れられないような工夫をいろいろとしてみたが、結局どれもうまくいかなかった。さんざん考えあぐねた末に、この閂の鍵を下のほうではなく中央部につけたらどうかと思った。そうすればどんなに背伸びしてもそこまで手は届かないし、中央部がしっかり固定されていれば、下のほうを開けようとしてもごくわずかな隙間しかできないので、とても猫の頭は入らない。結局、この柵を取り付けた時に最初に考えた中央部を止めることと、最後に考えた閂の鍵とを合わせたかたちになったが、案外これがうまくいった。こちらもいろいろと試行錯誤を重ねた末に、ようやく一つの答えが出たわけだが、今のところこれに代わるいいアイデアも浮かばないので、今日までこの方式を続けている。

それにしても、この柵をめぐるコロ助との一連の知恵比べでは、私は連戦連敗を喫し、最後にかろうじて人間としての面目を保つことができた。彼はこちらが考えた方法を次々と攻略し、まるで人を手玉にとっているかのようだった。これほど手を煩わせるとは、どうやら私は猫の知能を完全に見くびっていたようだ。

猫の知能についてはもう一つ、未だに忘れられない光景がある。

ある年の暮れ、息子一家が二歳になる孫を連れて遊びに来たときに、家内がクリスマスプレゼントだと言って、電車とレールがセットになったおもちゃをあげた。孫にせがまれて、さっそく息子が箱の中から取り出し、レールを継ぎ合わせ、電車に乾電池を入れて動かしてやった。レールは一周三メートルほどの楕円形で、電車は五、六両編成の小さな車両だが、子供のおもちゃとはいえなかなかのスピードで、脱線することもなく調子よく動き始めた。

孫は大いに喜んで、レールの上を走る電車を興味深そうに見ている。男の子だから電車や自動車のような乗り物には強い関心を示すのだろう。私もしばらくは孫のそばでその様子を見ていた。するといつの間にかコロ助が開いているドアから入ってきて、動いている電車に気が付き、そのまま孫の隣に座ってしまった。

そのあとのことである。私は彼らのちょうど反対側に座って見ていたのだが、孫はさっきからレールの上をグルグル周回する電車を、頭を左右に動かしながら目で追っている。そしてコロ助もまた、まったく同じように頭を左右に動かしながら電車の動きを追っているのだ。二人の動きは完全に一致していて、人と猫が並んで座っていることなど全く忘れさせてしまう。期せずして私はその時、人間と他の動物が一緒にシンクロナイズする実に珍しい光景を目の当たりにすることができたのだ。

やがてコロ助のほうは、見飽きたのかあるいは気紛れなのか、立ち上がって部屋の中をちょっとウロウロしてから出て行ってしまった。二歳の孫は、飽きずにずっと電車が動くのを見ていたのだが、さっきまで隣にいた猫のコロ助のことを果たしてどう思っていたのだろうか。また逆にコロ助は、隣にいた小さな人間の子供のことをどう思っていたのだろうか。この微笑ましくも少々奇妙な光景をしばし眺めながら、同じ程度とされる知能を持った異なる種類の動物が、お互いをどのように認識していたのかを想像してみると、いつまでも興味は尽きなかった。

第六章　なくて七癖

性格の違いもさることながら、その行動やしぐさ、姿態、またある物に対する反応の仕方において、この二匹の猫にはそれぞれ独特のものがある。飼い始めて間もなくわかったことの一つは、二匹がそれぞれある特定の物に対して、極めて特異な反応を示すということだ。

コロ助の場合は、コーヒーのにおいに非常に敏感だ。私が家で自分でコーヒーを入れて飲んでいる時、テーブルの上にカップやドリップした後に残った粉のカスが置いてあると、必ずそこに上がってきて、カップや残りカスの周りを片方の前足でカリカリとやる。犬や猫が用を足したあとに、足で土や砂をかけて臭いを消す、あの動作と同じである。テーブルの上だからもちろん土や砂はないのだが、おそらくコーヒーの臭いがついている（と思われる）ところを肉球でこすって消そうとしているのだろう。

私はタバコは吸わないが、時々訪れてくる義弟の話では、吸い殻の入った灰皿の周りをやはり同じように足でカリカリやるのだという。どうやらコロ助は、コーヒーやタバコなど苦い刺激臭のあるものは苦手のようだ。

ルーにはこうした行動は決して見られない。その代わり彼は、全く別の何でもない物に対して特有の反応を示すのだ。毎日、朝と夕方の二回彼らの飲み水を換えてやるのだが、新しい水に換えてやったとたんにルーがやって来て、まず容器のふちを前足でカリカリとやって、その後おもむろにピチャピチャと飲み始める。それだけならいいのだが、更に前足の肉球を水につけては、したたり落ちるところを何度も舌でなめたり、時には容器のふちをこする力が強すぎて、中の水が外にこぼれて周りが水浸しになることもある。取り換えてしばらく時間がたった水では、こうしたことはまずやらない。新しくした時にだけ見られる反応で、コロ助は絶対にこういう事はしない。コーヒーのように何か特別な液体に反応するのならまだしも、あまりにありふれた、どこにでもある物に特異な反応をするとは、まったく不思議な猫だ。新しい水には、彼にしかわからない何か独特のにおいでもあるのだろうか。

寝ている時や座っている時の姿勢にもそれぞれ違いがある。もちろんどちらも猫だから、寒い時期には「コタツで丸く」なって寝ることは多い。特にコロ助はそうだ。しかし、ルーが寝ている時の姿勢にはある特徴がある。たいていはどちらかの前脚をまっすぐに伸ばして、その上に頭をのせて腕枕のようにして寝るのだ。本人にはそれが一番楽な姿勢なのだろう。いかにもくつろいで横たわっている様子がありありと伝わってくる。

座り方にも和洋の違いが現れる。日本語には「香箱座り」ということばがあるが、コロ助はしばしばこの座り方をする。頭を起こして、両方の前脚を内側に折りたたみ胸の下にしまう座り方だが、ルーがこの姿勢をとることは滅多にない。彼は逆に両方の前脚をそろえて前に伸ばして、あのエジプトのスフィンクスの姿勢をとることが多い。香箱座りは置物のような愛嬌のある座り方だが、スフィンクスの座り方はどこか高貴で威厳がある。因みにこうして寝たり座ったりする時の場所にもそれぞれ好みがあるようだ。コロ助は甘えん坊のせいか、特に冬場は私がコタツに入っていると、すぐに膝の上に乗ってきて寝るが、ルーは一年を通じてほとんど一人で、ふとんの上や椅子の上、また廊下や床の隅にいることが多いようだ。

猫は家の中でもよく爪とぎをする。家中の壁や家具をボロボロにされたという話はいろいろな人から耳にする。この被害を少しでも少なくしようと思って、私の家には一階と二階に爪とぎ用のポールを置いているのだが、それでも彼らはそんなことにはお構いなく、思い思いの場所でバリバリとやっている。だがその爪とぎの仕方にもそれぞれの

流儀があるようで、コロ助のほうはかなり力を入れて、やる気満々で入念にやる。時にはムキになってやっているようにさえ見える。一方のルーは、これはさほど力も入れず、あまりやる気もなさそうにリラックスしてポールと戯れているかのようだ。

あくびをする時の表情もまた、よく見るとだいぶ違う。ルーは先祖が厳しい環境の中で暮らしていたせいか、あくび一つするにしてもライオンのように凛として猛々しい。ところがコロ助のあくびは、家猫の人懐こさがそのまま表れたような、見る者をして思わずニコリとさせる実に愛嬌のある顔になる。この時の表情を是非とも写真に収めたいと以前からずっと思っているのだが、ほんの一瞬の動作なので、この決定的瞬間をカメラでとらえるのはなかなか難しい。

そして最後にもう一つ。五歳を少し過ぎた頃、それまでずっと与えていた餌に少々飽きてきたのか、二匹ともやや食いつきが悪くなったので別のものに換えてみた。するとそれが気に入ったのか、二人とも再びよく食べるようになった。特にルーはその餌が好みに合ったようで、今までになくたくさん食べるようになった。

普段、餌をやるときには、いつも一回で食べきるだけの量を容器に入れて与えている。ところがルーはそれだけでは満足せず、更におかわりを要求するようになった。

その時の「おねだり」の仕方が微笑ましい。私が座っているところへやって来て、後ろ足で立ち上がり、前足で私の肩をポンポンと叩くのだ。私が座っている位置によっては、更に手を伸ばして頭の上を叩くこともある。初めてこれをされた時には何のことだかわからなかったが、そのあとルーがじっとこちらを見つめているので、これはきっと食べ物をほしがっているに違いないとわかった。普通の猫ならば、餌がほしい時には、コロ助のように鳴き声をあげて人の周りをウロウロ歩き回るだけだろう。ところが、ルーのように具体的な行為で意思表示をする猫がいるとは知らなかった。彼と私は男どうしだが、あのようなしぐさで気を引かれ、あのような目つきで訴えかけられたら、とっくに還暦を過ぎた男とはいえ、その要求には応えない訳にはいかないだろう。

第七章　脱走常習犯

以前は猫を飼っている家では、家の内と外を自由に出入りできるようにさせていたところが多かったように思う。急に道路に飛び出したところを、たまたま車が通りかかってひかれてしまった、という話はよく耳にする。最近は室内だけで飼う人が増えたというが、実際はどうなのだろうか。

飼い猫を自由に家の外に出られるようにしてしまうと、昨今の道路事情を考えれば交通事故にあう危険性は多分にある。また、野良猫と接触する機会も増え、怪我をしたり病気をうつされたりもするだろう。更にその辺に落ちている物をやたらに食べてしまえば、具合が悪くなることも考えられる。家の外に出すといろいろと厄介なことが多くなるのは確かだ。そうした事を考えて、私のところでも二匹とも家の外には出さないようにしている。

こうした配慮は、猫たちの身の安全と健康を考えたいわば親心なのだが、当の本人たちにしてみれば、いつも限られた空間の中に閉じ込められている訳で、たまには外に出て違った風景も見てみたいだろう。実際コロ助もルーも、私たちの知らぬ間に家の外に出てしまっていたことが今までに何度もあるのだ。

飼い始めて間もない頃、ルーが突然いなくなったことがあった（その日は平日で、私は仕事で家にはいなかったので、帰宅してから家内にその話を聞いたのだが）。誰も彼が外へ出て行くところは見ていないのに、気がついてみたら家の中のどこにもいないことがわかって大騒ぎになった。すぐに近所をあちこち探してみたが見つからない。いったん家に戻り、しばらくしてからもう一度探しに行ってみたところ、二軒隣の家の、庭の植え込みの陰に隠れていたのだそうだ。土の上を這い回ったようで、見つけた時は体じゅう泥まみれになっていたと言う。我々にとってはすぐに見つかってよかったのだが、ルーにしてみれば初めての外出、ちょっとした自然探索の冒険、束の間の楽しい遠足だったのではないだろうか。

今の家に越してきた翌年の夏、今度はコロ助が行方不明になってしまった。その日は休日で、私も家にいてその現場は目撃した。夕方まだ明るいうちだったが、家のすぐ前の道路を一匹の野良猫が通りかかり、それを見つけたコロ助が突然外に飛び出して、ものすごい勢いであとを追いかけて行き、そのまま姿が見えなくなってしまったのだ。私はその時たまたま庭仕事をしていて、ほんの数秒の間の出来事だったが、その一部始終を見ていた。夏の暑い日だったので、一階のガラス戸が少し開いていて、そこから出てしまったようだった。

私もあわててすぐにコロ助のあとを追ったが、道路に出た時にはもうどこにも彼の姿は見当たらなかった。まだ近くにいるはずだと思って、皆で手分けして近所じゅうを探してみたが見つからない。少し間をおいて、隠れていそうな物陰をもう一度くまなく見てみたが、やはりどこにもいない。一時間近く探してみたけれども見つからず、次第に薄暗くなってきたので、いったん打ち切って家に戻った。

これからどうするか相談しているところへ、午後から外出していた家内が帰ってきた。コロ助がいなくなってしまった話をすると、自分で探してみると言ってすぐに出て行った。すると驚いたことに、間もなく家内がコロ助を見つけて戻って来たのだ。二軒隣の家の、駐車場に止めてあった車の下に隠れていたそうだ。しかしそこは前にも一、二度私たちも探したところだ。夕方暗くなってきて、それまで隠れていた別の場所から移ってきたのかも知れない。事の仔細はともかく、今回も無事見つけることができて、我々もほっと安堵した。

ルーとコロ助の二度の失踪があってから、家族全員が家の戸締りや扉の開け閉めにはいっそうの注意を払うようになったが、それでも時々うっかり閉め忘れることがある。彼らはそうしたわずかな機会も見逃さず、隙あらば脱走を企てるのだ。家の中のどこにも姿が見えないことに気付き、あわてて外へ出てみると、屋根の上をのん気にうろついていたり、駐車場の車の下で、何事もなかったかのような顔をして寝転んだりしていたことは今までに数え切れないほどある。幸い、いずれの場合もすぐに見つけられたので、大事に至らずにすんではいるのだが。

　夏目漱石の門下の一人であった内田百閒（ひゃっけん）の作品に、自分の飼い猫の失踪事件について日記風に書いたものがある。ある日忽然と姿を消したままいつまでたっても戻ることなく、そんな日々の思いを悲痛な筆致で綴った随筆だが、この猫はついに最後まで見つからなかったようだ。

　以前どこかで聞いた話だが、家猫が外に出てしまった場合でも、たいていは初めの何時間かは、その家から半径約十メートル以内のところにいることが多いのだそうだ。そう言えばルーの場合もコロ助の場合も、確かに見つかったのはいなくなってから数時間後、自宅の二、三軒隣の家の敷地内だった。

百閒の猫は最初はどこにいたのだろうか。またその後はどこへ行ってしまったのだろうか。詳しいことは我々には全く知る由もないが、翻ってルーとコロ助のことを考えてみると、もしあのまま最後まで二人とも見つからなかったとしたら、私たちはいったいどんな気持ちでいたろうか。想像するだけでもつらく切ないものがある。

第八章　目と目つき、そして目線

猫の目が、外から入ってくる光に対して非常に特異な反応を示す、という事もまた実際に飼ってみて初めて気づいたことだ。猫好きの人たちには周知の事実なのだろうが、私にとっては非常に新鮮な発見だった。

光の多い昼間の明るいところでは、猫の瞳は縦に細長くなり、そのせいか表情もややきつく、険しい感じになる。ところが夕方薄暗くなって、光の量が少なくなると瞳は丸く大きく開き、時にはその周りの虹彩と呼ばれる部分と同じくらいになることもある。この時の彼らの表情は実に可愛らしい。

外部からの光に対する反応として、更に驚いたことがある。コロ助もルーも、二人の目をよく見ていると、その時の光の具合や角度によって、両方の目が緑色に光ったり銀色に見えたりすることがあるのだ。

初めてこれを目にした時には本当に不思議な思いがした。ある動物学者の話では、猫の目は網膜の後ろにタペタム（輝膜）と呼ばれるもう一つの色素の膜があって、そこに光が当たると鏡のように反射して、緑色や金色に光って見えるのだと言う（因みに英語でキャッツ・アイ【cat's-eye】と言うと、猫目石という宝石の一種を意味し、更には夜間車のヘッドライトが当たると光る、道路の反射装置の意味もあるそうだ）。

虹のような自然現象ならともかく、これほど身近な動物にこのような美しい色彩の現象が見られるとは、全く思いもよらなかった。この世のものとは思われない何か異質なものさえ感じさせられる。猫の神秘性はこんなところにも見られるのだろう。

人には様々な目つきや眼差しがあるのと同じように、猫もいろいろな目つきや眼差しを見せる。特に我々人間を見る時の彼らの目つきは猫によってだいぶ違うようだ。

私の大学の同級生で、野良猫に強い関心を持っている友人がいる。彼が言うには、仔猫や家猫ではもの足りなくて、野良猫の「人を信用しない疑わしげな目つき」が好きなのだそうだ。私もまた自分で飼い始めてからは、町なかでたまたま野良猫を見かけると、つい足を止めてしばらく観察してしまうのだが、彼らはたいてい鋭く険しい目つきをしている。私が近づいて行ってむこうが逃げ出すまで、大胆不敵な目でじっとこちらを見

ていることもある。家猫と違って野良猫は、食と住に関しては何ら保証されていない。毎日の餌を求めることに必死にならざるを得ないから、そういう厳しさがそのまま目つきに表れるのだろう。

普段、家にいて、私がコロ助やルーと目と目が合うことはしばしばある。彼らの目つきは野良猫のように決してきつく厳しいものではないのだが、時として特にコロ助には、こちらがドキッとさせられるような目つきで見られることがある。

別に食べ物をねだっている訳でもなく、かと言って彼の悪戯に私が腹を立てている訳でもないのに、妙に落ち着いた冷ややかな眼で、私をじっと見つめることがあるのだ。私が彼を観察しているというより、逆に私が彼に観察されているような気がして、ある種の不気味ささえ感じてしまう。コロ助がいったい何を考えているのかと私は思う。しかしそれ以上に、コロ助のほうが、私がいったい何を考えているのかと思っているように見える。それ程までに冷徹で懐疑的な目つきなのだ。知能では私のほうがはるかに優れているはずなのに、目つきだけはむこうが一枚上手のような気がしてならない。そこが何とも口惜しく、情けなく思われるのだ。

もう何年も彼らと生活を共にしているにもかかわらず、今まで全く気がつかなかったことがある。それは彼らの目線の高さだ。私たちは普段、行住坐臥、いつでも人間の目の高さで物を見ているが、猫たちはあの小さな体で、立っていても座っていても、目線の高さは床上せいぜい二、三十センチくらいしかない。人間よりもはるかに低いところでいろいろな物を見ていることになる。もちろん家猫でも、一日じゅう床の上で生活しているわけではなく、椅子やテーブルの上にあがったり、時にはキャットタワーに登って、我々と同じ高さかあるいはそれ以上の高さから見ていることもある。キャットタワーの一番上のところはほとんど天井に近い高さだ。しかし彼らの日常の行動は、床の上ですることが多いだろう。

彼らの目には日頃からどのような風景が映っているのだろうか。好奇心から私も一度、猫の目線の高さで周囲を眺めてみたことがある。ある時、普段コロ助とルーのいる居間で、腹ばいになって彼らの目線と同じ高さに頭を上げ、あたりを見回してみた（こんなところを誰かに見られたら、いったい何をしているのか不審に思われそうだが）。すると、いつも見慣れた部屋の光景はずいぶんと違って見えるのだ。

床上二十、三十センチのところから眺めているから、自然に部屋の下のほうが視野に入ってくる。何より床面がすぐ間近に見える。もしこれが屋外であれば、地面付近がよく見えているだろう。床に落ちている小さな物もはっきり見えるし、ゴキブリなど床を

第八章　目と目つき、そして目線

這うものでもいれば、すぐにもわかるだろう。

ところが人を見る時には、たいていは目線を上にやって見上げなければならない。人間は「上から目線」で見るが、彼らは「下から目線」になるわけだ。この時我々は当然「上位」に立っているはずなのだが、どうやら彼らは全くそんなふうには思っていないようだ。「見上げる」とは言っても、彼らが私のことを決して尊敬して見ている訳ではもちろんない。そんなことは彼らの普段の態度を見れば容易にわかることだ。

こうして日頃は、たいてい低いところからあたりを見回すことの多い猫たちだが、私たち人間がそのようにして周囲を見ることはまずない。子供と話をする時には、大人はしゃがんで子供と同じ目の高さで話さなければならないと言うが、猫の場合はどうだろうか。普段我々は、ただ立ったり座ったり歩いたりの毎日だが、時には腹ばいになって、ちょっとだけ頭を上げ、猫たちと同じ目線で物事を見てみれば、彼らの立場も少しは理解できるようになるかも知れない。ただしそうする時は決して怪しまれないように、誰も見ていないところでしたほうがいいだろう。

第九章　鳴き声の不思議

猫の鳴き声の擬声語（オノマトペ）は、普通日本語なら「ニャー（オ）」、英語なら"mew"ということになるだろう。英語以外の他の外国語でも大体同じような音のことばだそうだ。「ニャー（オ）」という擬声語が、一体いつごろから日本語として使われるようになったのかはわからないが、かなり実際の鳴き声に近い、実態をついたうまい表現だと思う。

コロ助は日本の猫なので、その鳴き声も典型的な「ニャー」である。何か食べ物がほしい時や、誰かにかまってもらいたい時など、とにかくよく鳴く猫だ。時にはそれがあまりにしつこくうるさいので、こちらもつい「ニャーじゃない」と言って語気を強めることもある。もちろん本気で腹を立てて言っている訳ではないのだが。

ルーの鳴き声はまったく独特だ。日本の猫の鳴き声に慣れた耳には、およそ想像もできないような声で鳴くのだ。たとえて言えば、仔犬が時々クーンと弱々しく鳴く、あの声に似ているかもしれない。初めてその声を耳にした時は、こんな猫の鳴き声もあるのかと驚いたものだ。しかも普段はめったに鳴かない。コロ助が事あるごとに鳴いてばかりいるのに比べ、ルーは私の知る限り、普段はよほど空腹でもなければまず鳴くことはない。こうした事もまた、彼の出自を物語るものだろうか。

猫には何通りかの鳴き方があって、それぞれ意味するところは異なる、ということはどの本にも書いてある。発情期によく見られる例の独特の鳴き声などがいい例だ。赤ん坊が泣いているかのようでもあり、また一種のサイレンの音のようでもあり、何とも形容しがたい奇異な鳴き声だ。また怒った蛇が大きく口を開けて、「シャー」といって相手を威嚇する時の声とまったく同じ声を猫も発する。ルーとコロ助は家でよく追いかけっこをしたり、悪ふざけをしたりするが、時々コロ助のほうがしつこく当たるので、ルーが怒ってこの「シャー」という声をあげることがしばしばある。家ではコロ助がいつもいじめ役なので、彼がこの声を発したところは一度も見たことがない。

いくつかある特異な鳴き声のなかで、非常に興味深いものが一つある。家の外に鳥を見つけた時に発する声がそれだ。あえてそれに近い擬声語にするならば、「エ、エ、エ

……」という表記になるだろうか。これは鳴き声というよりむしろ、ほとんどただの「音」に近い。ものの本によると、鳥や虫などを見つけた時に、それを獲物だと思って興奮したり、警戒したりした時に発する鳴き声、あるいは捕らえに行こうとするのだが、外に出られない苛立ちやもどかしさの声というふうに説明してある。しかしもう何年も前に、コロ助が家の中で初めてこの鳴き声を発するのを聞いた時に、何の知識も持ち合わせていなかった私は、ただ面白い鳴き方をするものだと思っただけだったが、そばで見ていた娘がこう言った。

「鳥と交信しているんだよ。」

よく見れば、確かにじっと獲物をねらっている鋭い目つきではないし、口元を少し緩めて、どこか鳥と戯れて楽しんでいるようにも見える。獲物というより友達といったほうがいいかも知れない。実際のところは本に書いてあるとおりなのだろう。しかし事実はともかく、私はこの「鳥と交信している」という娘の意見に、大いに賛成したいと思う。

第十章　名ハンター

最近は昔ほど猫がネズミを捕らなくなったと言われる。これは別に猫が怠けているわけではなく、日本の住宅事情の変化によるところも大きいだろうと思う。昔の家屋は壁や天井が木や竹、土や藁などの天然の素材を使って造られていたが、今では合板や化学繊維を使った建材が多く、また各家庭の衛生状態も概して前よりはずっとよくなっている。これではネズミも人の家に住みつくのは難しいだろう。

子供の頃は、家の天井裏や押入れの奥などによくネズミが巣くっていたが、今の家には、また以前住んでいた家にもネズミがいそうな気配はほとんどなかった。だからコロ助もルーも今まで特段仕事はなかったわけだが、先日コロ助が思わぬものを捕まえてきて驚いたことがある。

ある晩、いつものように台所で皆で夕食をとっていると、突然コロ助が入り口のドアから、口に何か黒いものをくわえて入ってきた。普段でも食卓に大好物の焼き魚などがあると、隙を見てはくわえてどこかへ持って行ってしまうことがよくあるので、今度もそうかもしれないと最初は思っていた。ところが、その晩のおかずに焼き魚はなく、流しのコーナーにもそれらしき魚の皮や骨などは捨てられてなかったのだ。一同怪訝な顔をしている間に、私が近づいていってよく見ると、意外にもそれは干からびた小さなコウモリの死骸だった。家族もそれにはびっくりしたが、それにしても一体どこでこんなものを見つけてきたのか。家の中で外とつながっているところは、玄関と二階のベランダくらいしか思いつかない。普段は彼らを外には出さないようにしているから、ベランダででも見つけたのだろうか。そのあとコロ助はそれを床の上に置くと、座って舌で自分の前脚をなめ始めた。まだ夕飯の最中だったし、たとえ小さなコウモリとはいえ、死んだものがそばにあっては食も進まないので、私はすぐに紙に包んで処分してしまった。

この時のコロ助の行動には、捕らえてきたものの珍しさももちろんあったが、それ以上に私が面白いと思った事がある。猫は獲物をよく家に持ち帰る習性があるというが、その時の理由を私は次のように推測してみた。おそらく彼は二階のベランダでコウモリの死骸を見つけたのだろう。ところがそれは小さく干からびていたから、食べる気にはならなかった。食べたければ、見つけた時にとっくにその場で食べてしまっていたはずだ。でもせっかく捕らえた獲物だから彼はそれを口にくわえて階段を降り、わざわざ我々のいる台所まで持ってきた。家族が注目している中で、その獲物を床に置き、ちょっとだけ我々のほうを見回し、その後すぐに何食わぬ顔で前脚をなめ始めたのだったが、この時の彼の表情は得意満面、明らかに自分の手柄を自慢したいような様子だったのだ。ちょうど小学一年生が、学校のテストで百点をとった時に親にほめてもらいたくて、急いで家に帰って来て見せるのと同じように。本来猫は単独で狩をする動物のはずだが、うまくできた時には、やはり誰かにほめられたい気持ちがあるのかも知れない。

その数日後、私が夕方洗濯物を取り込むためにベランダに出た時、たまたま隅のほうにコウモリの死骸を見つけた。それは先日コロ助がくわえて持ってきたのと同じような、黒く干からびた小さなコウモリだった。しかしなぜこんなところにコウモリの死骸が落ちていたのかはわからない。それにそれが大人のコウモリなのか子供なのかも判然としなかった。いずれにしても、あの日彼が見つけた場所がこのベランダだったのはほとんど確かだった。

今まで見たこともない獲物を捕まえて、きっと彼はすごく嬉しかったに違いない。そういう気持ちをほかの誰かにも伝えたくて、わざわざ私たちのところに持って来たのだろう。ルーに対してはどんな態度をとったのか、ふとそんな事も考えた。ただ、狩というのはふつう生きている標的を仕留めるわけだが、今回のは死んでしまって全く動かない獲物だったので、その点コロ助の手柄は多少割り引いて考える必要があるかも知れない。たぶん本人は不服に思うだろうけれど。

今までに彼らの狩の標的になったものがもう一つある。どの家にも必ずいて、たいそう厄介者にされ、ひどく毛嫌いされている、あのゴキブリだ。

梅雨がまだ明けきらない頃のある晩、私たちが二階の居間でテレビを見ていたら、突然ドアのところから一匹のゴキブリが入ってきた。同じ部屋で寝ていたコロ助とルーは直ちにそれに気付き走り寄って行ったが、ゴキブリのほうも危険を察してか、すぐにあのちょこまかした走りで床のへり伝いに逃げて行ってしまった。コロ助もルーもすぐにそのあとを追ったが、部屋の隅まで来たところでゴキブリは家具の後ろ側に入り込んで姿をくらましてしまった。

そう言えば以前にも、二人がこの部屋の隅のところに座って、じっと壁のほうを見ていることがあった。何をしているのかわからず、ずっと不思議に思っていたのだが、どうやらこの隅の奥のほうにゴキブリがいて、じっと様子を伺っていたのだろう。

彼らは少しの間、その時と同じように様子を伺っていたが、やがて二人とも上のほう

第十章　名ハンター

を見上げてキョロキョロし始めた。何かと思って私も彼らの見ているほうへ目をやると、今度は反対側のカーテンの上のほうに、またあのゴキブリが現れたのだ。さすがにその高さまでは彼らも跳び上がることはできず、ゴキブリも更に壁伝いに少しずつ上のほうへ逃げていってしまう。

私はそれまでずっと彼らの追跡劇をただ見ていただけだったのだが、これ以上座視しているわけにもいかず、家内も娘も大のゴキブリ嫌いなのはわかっていたので、ついに私の出番となった。ちょうどテーブルの上に新聞広告があったのでそれを幾重にも折り、ゴキブリが壁の上のほうでしばらく静止している隙をねらって、ぴしゃりと叩き落とした。私の一撃は大変うまくいき、ゴキブリは床の上に落ちてほとんど身動きしなかった。

普段、部屋の中にいる時でも、コロ助もルーも細かく素早く動くものには敏感に反応する。例えば蚊や蝿、蛾などが飛んでいれば、すぐに目ざとく見つける。後ろ脚で立って両手で捕まえようとすることもあるが、さすがに空中を飛んでいるものを捕らえることは難しいようだ。しかしゴキブリはたいていは壁や床の上を這い回っているだけだ。空中戦よりは難しくないだろう。結局最後に退治したのは私だったが、もし今度、彼らが首尾よくゴキブリ退治できた時には、前のコウモリの時の何倍も褒めてやろうと思う。

家ネズミはいなくなっても、彼らは他にいくらでも狩の対象を見つけることができる。

狩猟本能はいまだ健在のようだ。

第十一章　音楽愛好家

ある種の動物は人間よりもはるかに優れた感覚を持っている。例えば、犬が非常に鋭い嗅覚を持っていることはよく知られているが、猫は五感のなかでは特に聴覚が発達していると言われる。これは夜行性の彼らが、夜の暗い中でも獲物を捕らえるのに都合がいいように出来ているのだそうだ。

人間の耳が聴き取れる範囲は、一般に周波数で二十ヘルツから二万ヘルツまでと言われるのに対し、猫は二十五ヘルツから七万五千ヘルツまで可能だという。つまり人間には聴こえない相当高い音域までも聴き取ることができることになる。しかも猫の耳は、人間の耳のように前を向いて固定されているわけではなく、下にも横にも後ろにも自在に動かせる。まるで周囲の音を広範囲に捉えられるレーダーのような役目を果たしている。

このように非常に鋭敏な耳を持っているから、普段でも彼らにはいろいろな音が聞こえているだろうし、ちょっとした物音にも敏感に反応してしまうのはそのせいだろう。まして大きな音ともなればなおさらだ。

今の家に移り住むようになって一年目の夏、近所で毎年恒例の市の花火大会が開かれた。私の家のすぐ近くに河川敷があって、花火の打ち上げ場所になっているのだ。夕方ようやく空が薄暗くなってきた頃、開始を告げる一発の花火が上がった。開始の合図なので音だけなのだが、すぐ近くで聞くと相当に大きな音がする。コロ助とルーはそれまで花火など一度も見たことはないし、大きな音がすることなどもちろん知らない。その時、二人はいつものように、二階の居間で横たわって休んでいたのだが、突然の花火の大音響にびっくり仰天し、跳びあがらんばかりに驚き、大慌てで部屋から駆け出していって、どこかに身を隠してしまった。「脱兎の勢い」ということばがあるが、猫も決して負けてはいない。さすがにこの時は、よほど驚いたのだろう。それ以上に二人が慌てふためいたところは、あとにも先にも見たことがない。

私は学生の頃からクラシック音楽を聴くのが好きで、今でもよくＣＤや昔のＬＰレコードをかけて楽しんでいる。自宅の一階の洋間にオーディオ装置が置いてあり、好きな時に好きな曲をかけて、一人気ままに聴いている。ところがいつ頃からだろうか、私が一人で聴いていると、いつの間にかルーが部屋に入ってきて、目の前のテーブルに上がって寝そべるようになった。最初のうちは、何やら聞き慣れない音が気になってやって来て、たまたまテーブルの上が広く空いているので、寝そべるのにちょうどよかったからだろうと私は思っていた。しかしその後も私が洋間で音楽を聴いていると、ほとんど必ずといっていいほど、中に入って来てテーブルの上で寝そべるのだ。前脚を伸ばしてその上に頭をのせる、例の彼独特の格好だが、よく見ると目は開けていて、耳をピンと立て前に向けている。まるで私の傍らで音楽を聴いているかのように。

猫も音楽を聴くのだろうか。それもクラシック音楽を。コロ助もたまにルーのあとから部屋に入ってきてウロウロすることもあるが、音がうるさくて嫌なのか、すぐに出て行ってしまう。ところがルーはもともと北欧育ちの血統だからコロ助とは違う。同じヨーロッパで生まれた音楽の響きを、心地よく感知できるある種の聴覚が、生まれつき彼には備わってでもいるのだろうか。あの花火の大きな音には驚いて逃げ出しても、スピーカーから流れるオーケストラの大音響には少しも動じないのだ。ただ、さすがに長い時間は聴いて（?）いられないようで、気がつくといつの間にか目を閉じて、眠ってしまっている。静かな曲が流れている時などは、本当に気持ちよさそうだ。

第十一章　音楽愛好家

音楽の媒体が多様化してきている今日でも、昔のＬＰレコードが未だに一部の人たちに根強い人気があるという。私も学生の頃に買い集めたレコードは今でも持っていて、時々あれはどんな演奏だったかと思い出して、何年ぶりかで聴き直すことがある。

専門家の話では、このアナログレコードには、普通の人間の耳には聴こえないたくさんの音源が記録されているのだそうだ。猫の聴覚は人間の四、五倍はあるというから、ルーの耳には、私が聴いている音楽とは違った音楽が聴こえている可能性がある。それが一体どんな音楽なのか、彼に尋ねてみることは勿論できないが、このことについて、それこそ彼と「交信」できたらどんなに楽しいだろう。音楽鑑賞も一人でするより、同好の仲間が一緒にいてくれたほうが喜びも大きいのだから。

そんなことを考えながら、こうしてこの原稿を書いている今も、ルーは私のすぐそばの特等席で、静かな室内楽を聴きながら気持ちよさそうに眠っている。

第十二章　本能との闘い

物心ついた頃、いわゆる「さかり」のついた猫の鳴き声を初めて聞いたときの印象はかなり強烈だった。春先の明け方近く、家の外で聞いたことのない異様な鳴き声が聞こえてきた。最初はどこかで赤ん坊でも泣いているのかと思ったが、人間の泣き声にしてはどこか不気味で、不自然なところがある。人間でなければ何かほかの動物かも知れない。しばらく聞いていると、それに応えるかのように、もう一つの同じような鳴き声が加わり、ついには取っ組み合いのけんかでもするような、悲鳴に近い激しい鳴き声に変わった。野良猫が発情期にあのような独特の鳴き方をすることを知ったのはその時だった。「猫の恋」ということばが俳句の季語になっているそうだが、そこまで激しい求愛だとは全く思いもよらなかった。

こうした発情期の問題を避けるためには去勢したほうがいいという事は聞いていたの

で、コロ助とルーを飼い始めた時、適当な時期を見て、近くの動物病院で二匹とも手術をしてもらった。手術は思ったより簡単にすんで、術後の様子も特に変わったところもなく、以前と同じように家の中では二人とも元気にしていた。

様子が変わったのは今の家に移ってからである。引っ越してしばらくの間は何事もなかった。ところが半年ほどたったある日、コロ助が玄関の下駄箱の扉にオシッコをしてしまったのだ。初めはなぜそんなところにしてしまったのか理由がわからなかった。猫用のトイレは前の家で使っていたものを今の家でも使っていて、普段は彼もちゃんとそこで用を足していたからだ。ただ今までと違うのは、トイレで用を足すときには必ずしゃがんでするのに、下駄箱の扉にひっかけたということは、立ったままの姿勢でしたことになるだろうということだ。

その頃、私たち家族は去勢の知識はあっても、「スプレー行為」による「マーキング」という猫の習性についてはほとんど誰も知らなかった。詳しく調べてみれば、これはネコ科の動物に共通に見られる習性で、尿をかけることで自分の縄張りを示しているのだ、ということがわかる。また特に発情期によく見られ、メスを引きつけるための行為とも書いてある。そして何より意外だったのは、去勢した猫でも約一割程度は発情を抑えることができないということだった。

そう言えば、去勢したあとでもコロ助は、時々明け方に例のさかりのついたような鳴き声をすることがある（ルーにはこうしたことは全く見られないのだが）。また、玄関というところは家族だけでなく、いろいろな人が出入りするから、普段は家にいない者がやって来ると、自分の縄張りを荒らされたと思ってマーキングしてしまうのだろう。家族でさえ、外出先がいつもと違うところだったりすると、帰宅して玄関に履物を脱いだままにしておけば、そこにされてしまうのだ。

このスプレー行為については、とりあえずその原因はつきとめたものの、それは猫の本能であるし、去勢したとはいえコロ助は例外的な一割の少数派のようだから、どうにも手の施しようがない。一度、動物病院に行って相談してみたところ、猫の気持ちを落ち着かせる効果があるという、特殊な臭いの出る器具をすすめられて試してみたが、さっぱり効き目がなかった。

どうしようもない事で、こちらが我慢するしかないと諦めているうちに、コロ助のスプレー行為はますますエスカレートしていった。やはり玄関が人の出入りが一番多いところなので、事あるごとに頻繁にやられてしまう。特に初めての客や滅多に来ない人物がやってきた時などは、必ずといっていいほどやられる。客が帰ろうとした時に、玄関に脱いであった靴にオシッコがかけられていて、ひどく迷惑をかけてしまった事など一度や二度ではない。しかも一日に一回だけならまだしも、二回も三回もされることが珍しくないのだ。

玄関だけではない。天気のいい日には、彼はよく二階のベランダに出て日向ぼっこをするのだが、時々家の外を野良猫が歩き回っているのを目撃することがある。そういう時は、まるで敵を発見したかのように目の色が変わり、目を皿のようにして野良猫の動きを追う。そしてその後、数時間たって私がベランダに出てみると、壁や柵がぬれていて臭くにおうのだ。これなどは正に、猫どうしの縄張り意識の現われなのだろう。

玄関やベランダなら、そこが外部の人間やよその野良猫が近づくところだからそれなりの理由はある。しかし、何故こんなところにと、我々には全く理解に苦しむような場所にされることも度々あるのだ。一階の洋間のカーテン、勝手口のドア、二階の寝室のヒーター、仏壇の扉、ついにはソファーに置いてあった家内のハンドバッグ、そしてハンガーにかけてあった私のシャツにも。コロ助のスプレー行為は、実に止まるところを知らない。

こうした一連の行為のなかで、ついに私の堪忍袋の緒が切れたことがある。私は朝起きた時に、いつも寝床の上で軽いストレッチ体操をすることにしている。眠っていた体を徐々に目覚めさせるのにいいからだ。そんな事をしていると、いつの間にかコロ助が寝室の扉を勝手に開けて、中に入ってきてしまうことがある。たぶん朝の食事をねだりに来るのだろう。

その日の朝も私は、いつものように布団の上で上半身を起こして、あちこちをストレッチしていた。すると例によってまたコロ助が扉を開けて入ってきた。しばらくウロウロしていたのだが、やがて布団の上に跳び乗ると、私の手足に首をこすりつけ始めた。これも普段よくやっているマーキングの一種なので、特段気にも留めなかった。すると突然、次の瞬間、私の背中に何か生ぬるいものを感じたのだ。慌てて後ろを振り向いてみると、コロ助が私のほうに尻を向けて、あの黄色い液体をかけているではないか。私はすっかり逆上し、布団から飛び起きて、猛烈な勢いでコロ助を追いかけた。彼も、私の烈火のごとき怒りに驚いて、一目散に逃げていってしまった。

動物の持って生まれた習性だから仕方のないことだとわかってはいたが、まさか自分の体にされるとは夢にも思わなかった。コロ助から見れば、ヒトだろうがモノだろうが一切関係ないのだろう。私はただの肉の壁にされてしまったのだ。

家の中でのこのスプレー行為には、家族全員がほとほと手を焼いていた。一時期あまりにひどかったので獣医に相談し、薬を出してもらったこともある。人間と同じようにストレスを和らげ、気持ちの高ぶりを抑える働きがあるのだそうだ。確かにこれはある程度の効き目があった。それを飲ませている間は、たまにすることはあっても、ずいぶんと回数は減り、我々のストレスもだいぶ少なくなったので、最もひどかった六月から七月にかけてだけ、二年ほど試してみた。ただ薬だから多少の副作用はあるわけで、コロ助の表情もどこかシャキッとせず、毛並みも少し悪くなったように見えた。それなりの効果は確かにあったけれども、この薬は三年目にはやめてしまった。病気でもないのに、こちらの都合で無理やり飲ませていることにある後ろめたさを感じ、結局それは人間の身勝手というものだろうと思ったからだ。

　薬を使わずにすむ何かいい対処の仕方はないものか、いろいろ考えているうちにある一つのことに思い至った。家中あちこちにされるとはいえ、それはいつも特定の場所に限られるということだ。それならばその場所に、普段使っている猫のトイレ用のシートを貼っておいて、濡れたらその都度取り換えればよいのではないか。交換の手間さえ惜しまなければ、体には全く害はないし、薬代を払うよりシート代のほうがはるかに経済的だ。室内インテリアとしては、誠に見栄えのしない代物だが、家族もこのやり方には賛成したので、しばらくはこの「シート作戦」でいくことにした。こうして今では家中あちこちに、全部で二十枚近くのシートが貼ってある。そしてこれが今のところ、日頃のコロ助のオシッコだけでなく、我々のストレスをも同時に吸収してくれているのだ。

我々人間の方でどれほど可愛がって飼っている動物でも、彼らにしてみれば、人間側の都合などは全く関知するところではなく、ただ本能が命じるままに生きているだけなのだ。我々はそのことをよく理解した上で、彼らと上手く付き合っていくしかないのだろう。本能に対してはただ諦めるしかない。これが私が学んだ最大の教訓だ。今日もまた玄関がぬれていた。本能との闘いはまだまだ終わりそうにない。

第十三章　ストレスと病

現代はストレス社会と言われるようになって久しい。ほとんどの人が多かれ少なかれ何らかのストレスをかかえて日々生活している。そしてたぶん同じことは猫の場合にも当てはまるだろう。特に神経過敏なルーにとっては、今の家を取り巻く環境が少なからずストレスを与えているようなのだ。

私が現在住んでいる家は駅のすぐ近く、街のほぼ中心部にあって、列車の通過する音や車の行き来する音が絶えず聞こえてくる。更に周辺にはいくつも駐車場があって、多くの車が出入りする音も聞こえる。コロ助もルーも通常の交通の騒音にはとっくに慣れてしまっているはずだが、たまに例のブウォーンという車のエンジンをふかす、低く重く響く大きな音がすることがある。ルーはこの音が苦手なようで、何をしていても、外でこの爆音が聞こえると驚いて顔を上げ、音のするほうを見やる。以前花火の音を聞いた時のように、あわてて逃げ出すことはないが、この音を彼が嫌っているのは確かなようだ。

　ルーが嫌うこの種の重低音には、車の爆音のほかにもう一つ大太鼓の音がある。ある年の夏、恒例の夏祭りが始まった時のことだ。毎年祭りの初日の朝には、太鼓を打ち鳴らしながら神輿（みこし）が町なかを練り歩く。私の家の前の道路もこの神輿が通ることになっている。家のすぐ前まで来て、太鼓の音がいよいよ大きくなった時、それまでふとんの上で寝ていたルーは、突然驚いたように目を覚まし、音のするほうをチラッと見るなり、すぐに逃げていってしまった。年中行事だから、もうある程度は慣れているものだと思っていたが、たまたま私がそれまでその現場を見た事がなかっただけなのかも知れない。やはり彼はこの種の音には、どうしても馴染めないのだろう。

　この時に彼が被った災難はこれだけではなかった。お祭りだというので、息子一家が孫を連れて遊びに来た。車で一時間ほどのところに住んでいるので今までもちょくちょく来ていたのだが、孫も私たちと一緒に祭りに出かけて行くのが楽しみな年齢になっていた。小さな子供は疲れることを知らないから、祭りを見に行って帰って来てからも、家の中では相変わらず元気にはしゃぎまわって、あり余るエネルギーを発散させていた。その日息子一家はそのまま一晩泊まって翌日帰って行ったが、その時はコロ助にもルーにも特に変わった様子は見られなかった。

ルーに明らかな異変が起きたのは、その次の日の夜になってからだった。部屋の中を歩き回る様子がいつもと違って、どうも落ち着きがないのだ。普段ならふさふさの尻尾を豪華な羽根飾りのように立てて威風堂々と歩くのだが、その時はただのモップのように尻尾が下がってしまって、妙にそわそわしているように見えた。それによく注意してみると頻繁にトイレに行くし、ソファーの上にしゃがんで少し「お漏らし」もしてしまう。こんな事は今まで見たことがなかった。一体どうしたのだろうと家族で話していると、そのうちとうとう尿に薄い血が混じるようになってしまった。

人の場合、血尿が出るのは膀胱に何らかの炎症が見られるという事は私も知っていた。そこでいろいろと調べてみると、これはどうやら猫の膀胱炎らしいことがわかった。猫は尿道が細く長いので、膀胱や尿路の疾患が多いということだ。

翌日家内と娘がルーを病院に連れて行き、事情を話して一週間分の薬を処方してもらった。獣医の話では、何らかのストレスなどが原因で、猫も膀胱炎になることがあるのだそうだ。幸い薬を飲み始めて二、三日もすると血尿も治まり、歩く様子も落ち着いてきた。

あとから考えてみると、数日前からルーにとってはストレスになるような事が続いて

第十三章　ストレスと病

いたように思われる。夏祭りの太鼓の音に驚かされ、その後息子一家が来て、いつもの家の中の環境がずいぶんと変わってしまった。特にいろいろな音に対して敏感なルーのことだから、こうした環境の変化が、少なからずストレスになっていたに違いない。コロ助にはこうした症状は全く見られなかったが、ルーはその後も二、三週間置きに、ちょっとした事が原因で二度も膀胱炎になってしまった。ただでさえ日本の夏の暑さが苦手なルーにとっては、さんざんな夏となってしまったようだ。

第十四章　緊急避難

ルーだけでなく普段はいたって健康なコロ助までも、突然の環境の変化によって明らかに不安やストレスを感じただろうと思わせる出来事が、その同じ年の秋に起こった。十月の中ごろ、近年まれに見る非常に大型の台風が日本列島を襲った。テレビやラジオのニュースでは、早いうちから厳重な警戒を呼びかけ、甚大な被害の出る可能性を伝えていた。私たちの住む埼玉県熊谷市も、その日の昼ごろから急激に風雨が強まり、夕方から夜にかけて最も接近し大荒れになるとの予報だった。

果たして正午を過ぎた頃から、断続的に雨が激しく降り出し、一、二時間後には家の近くを流れる荒川が、氾濫危険水域に達したとの情報が流れた。警報のサイレンも聞こえ、やがて避難を呼びかける広報車が街を巡回し始めた。これはただ事ではないと我々も身の危険を感じ、避難することを真剣に考えなければならなくなった。

このような経験は私も初めてだった。市が指定する避難所になっている小学校が近くにあったが、駅に直結する立体駐車場が家からすぐのところにあり、車と一緒に避難できるので、とりあえず大きな荷物だけを積んで、先に車だけ駐車場に持って行くことにした。

いったん家に戻り、改めて持ち出す必要のあるものを揃え、家を離れるタイミングを家族と話し合った。大事をとって早めに避難したほうがいいだろうということで、六時前には家を出ることにした。

この時、最後に「持ち出す」ことになったのがコロ助とルーである。こういう災害時にペットをどうするか、という問題が起きることは以前から承知してはいたが、その時初めて自分がその当事者になったのだ。私は貴重品と、とりあえず必要なものをリュックにつめて玄関に置き、二人を入れるケージを物置から持ってきてその脇に並べた。今までもこのケージに入れて、何度も動物病院に連れて行ったことはあったので、コロ助もルーも慣れているはずなのだが、それでも毎回、中に入れるにはかなり苦労する。まずコロ助のほうを先に入れたのだが、こちらはそれ程手間はかからなかった。ところが次にルーを入れようとして、もう一つのケージのチャックを開けたとたん、彼は驚いてあわてて階段を駆け上がり、二階の寝室のベッドの下にもぐり込んでしまったのだ。すでにその夏何度も膀胱炎にかかり、その度にこのケージに入れられて病院に連れて行かれた嫌な経験があったので、こんなわずかなチャックの音にも即座に反応するようになってしまったのだ。かなり奥のほうにもぐり込んでしまって、私が腕を伸ばしても届かない。仕方なく木の棒を持ち出して、少し突っつくなどしてようやく追い出し、なんとかケージに入れることができた。

こんな事をしていて時間をとられてしまったので、家内たちには先に行ってもらい、少し遅れて私と娘でコロ助とルーを連れて家を出た。外はすでにすっかり暗くなっていたが、風雨はまだ思ったほど強くはなかった。駐車場に行くには、駅の階段と通路を通って行かねばならないが、階段までは家から歩いても二、三分の距離しかない。ところが歩き始めて間もなく、コロ助とルーがそれまで聞いたことのないような声で鳴き出した。クーンという仔犬の鳴き声にも似て、しかしもっとずっと弱々しく、消え入るような鳴き声なのだ。暗闇の中を、狭いケージに閉じ込められ、しかも隙間から吹き込む冷たい雨風にさらされて、猫と言えどもひどく不安な気持ちにならない訳はない。二人が怯えているのは明らかだった。

数分で駅の階段の下まで来ると、そこは明るく雨も吹き込んでは来ないので、二人ともようやく少し安心したのかすぐに鳴きやんだ。階段を上り、駅構内の通路を通って立体駐車場へ出ると、私たちと同じ様に車で避難してきた人たちですでに満車になっていた。ここにいればひとまず危険は回避できる。私も内心ほっとした。コロ助もルーも、もう先ほどのように鳴くことはなかった。しかし彼らにしてみれば、今までまったく見たこともないところに突然連れて来られてしまったのだから、少しでも安心させてやろうと思い、お互い相手と我々の姿も見えるような位置にそれぞれのケージを置いてやった。

予報では、これから台風がこの辺りに最も接近し大荒れになるとのことだったが、まだその時はそのような兆候はほとんど見られなかった。私も少し落ち着いたので、ペットボトルの水を一口飲み、コロ助とルーにもおやつ用に持ってきたドライフードを少量与えてみた。ところが、いつもなら家では喜んですぐにも食べてしまうのに、この時はまったく食べようとしなかった。ほんのわずか食べ物のほうを見ただけで、身動きもしない。たとえ見慣れた相棒や人間が見えていても、突然いつもと違う環境の中に置かれてしまっては、不安やストレスで食べる気にもならなかったのだろう。

結局台風は、このあとの暴風雨のピークとされた時間になっても、たいした影響もなく通り過ぎて行った。間もなく風雨も収まり、近くの川の氾濫の可能性もなさそうなので、夜中の十二時ごろには私たち家族も車で自宅に戻った。幸いこのあたりは、特に目立った被害はなさそうだった。

　この日コロ助とルーが経験したことは、我々人間にも通じるところがあるように思う。誰でも狭く暗い車内に閉じ込められて、どこへ連れて行かれるのか全くわからない状況に置かれれば、言い知れぬ恐怖感にとらわれるのは間違いないからだ。いつもの周囲の状況の急激な変化によって極度の緊張を強いられれば、誰でもそれこそ飯ものどを通らなくなるのも無理はないだろう。私たちもその日、避難する直前に急いでおにぎりだけを食べて行ったのだが、その時のおにぎりの味はまったくもって覚えていない。

　旧約聖書の創世記の中に、有名なノアの方舟（はこぶね）の話がある。神が自ら創った人間たちの堕落を見て、大洪水を起こして地上の全てのものを滅ぼそうとした。しかし神の心にかなったノアには木の方舟を造らせて、家族とあらゆる動物の雄と雌を一匹ずつ乗せて避難させようとした。その後大雨が降り大洪水となって、四十日のあいだ地上を覆ったとされている。この時ノアと一緒に避難した動物たちの中に、ひとつがいの猫もいただろうが、何十日もの間船の中にいて、はたして彼らはどんな気持ちで過ごしていたのだろうか。神話の中の出来事とはいえ、気になってならない。

第十五章　安息の地を求めて

日本のように四季による気温の変化がはっきりしているところでは、一年を通じて快適に過ごせる時期とそうでない時期とが交互にやって来る。春と秋は暑くもなく寒くもなく、ほとんど不快な思いをしないですむが、問題は夏の暑さと冬の寒さだろう。人は暑さ寒さに応じて着るもので調節できるし、冷暖房を使えばほぼ毎日快適な温度に保てる。しかし猫たちの場合はどうだろうか。

彼らは一年中、いや一生涯、あの「モフモフ」とした毛皮を身にまとっていなければならず、暑いからといって脱ぎ捨てるわけにもいかない。反対に寒くても、毛皮の上にさらに重ね着することなどもちろんない。着るもので調節することができない以上、日々快適に過ごすために彼らはどうするか。一年中家の中にいても、それぞれの季節に応じて少しでも居心地のよい場所を見つけるすべを、彼らはちゃんと心得ているのだ。

春と秋は快適な季節だから、コロ助もルーも家の中のそれぞれ思い思いの場所で休んだり眠ったりしている。ベランダに出て爽やかな風にあたりながら、外の景色を眺めていることも多い。

ところが夏となると事情は全く違ってくる。特に今私たちが住んでいる熊谷市は、数年前に国内の最高気温を記録したほどで真夏の暑さは尋常ではない。しかも最近は気候変動のために年々暑さが厳しくなり、我々人間でもかなり耐え難いものがある。猫の祖先はもともとアフリカの砂漠に生息していたから暑さには強いと言われるが、夏でも毛皮をまとっている彼らにしてみれば、やはり日本の、とりわけこの熊谷の夏の暑さはこたえるに違いない。特に北欧出身のルーは毛足も長いし、母国では決して経験することのないであろう暑さに耐えなければならず、少々気の毒な気もする。

しかしコロ助もルーも夏のあいだは少しでも涼しいところを探して、普段とは違う場所で休んでいる。二人の一番のお気に入りの場所は、玄関のコンクリートと踏み台の間のわずかな隙間だ。猫でも身を低くして、はって行かなければ入れないくらいの狭い隙間なのだが、何よりもコンクリートのひんやりとした感触がいいのだろう。ルーは特にこの場所が気に入っていて、本当に暑さの厳しい日には、一日の大半をここで過ごしている。

熊谷に越して来たばかりの年の夏、ある日二人の姿がどこにも見当たらないので家じゅう探し回ってみたところ、いつの間にかこんなところに憩いの場を見つけていたのだ。我々もただ立って見回していたのでは全く気がつかない。しゃがみこんで両手をついて、頭をコンクリート面まで低くしてのぞき込まないと見ることができない。しかし、そんな奥まったところの決して居心地がいいとは言えない狭い場所でも、彼らにとってはこの家の中で最高の避暑地なのだ。

現在住んでいる家のように木造二階建ての家屋は、一階と二階では部屋の温度が違う。一年を通じて概して二階のほうが温度は高いから、コロ助とルーも冬場は一階よりも暖かい二階にいることのほうが多い。晴れた日ならば二人とも日中はほとんど二階の寝室で寝ている。この部屋がちょうど南東の角になっていて、昼の間はずっと暖かな陽が差し込むので、暖房がなくても心地よい温度なのだ。

しかし日が陰ってきて次第に寒くなってくると、さすがにいつまでもそこにいる訳にはいかなくなる。そこで彼らが次に向かうのがあのお馴染みのこたつだ。コロ助もルーもこたつは大好きと見えて、昼間でも誰もいないこたつの中に入って、心地よさそうに寝ていることがよくある。冬のあいだ二階のどこにも見当たらない時は、こたつ掛けの

第十五章　安息の地を求めて

ふとんをめくってみれば、ほぼ間違いなく二人の姿をそこに認めることができる。真っ暗で程よい暖かさの閉じられた空間が、誰にも邪魔をされない安心感を与えてくれるのだろう。

コロ助にとっては、こたつの魅力はその中だけではない。夕飯を食べ終えると私たちはいつも二階に上がってきて、こたつにあたりながらテレビを見たり夕刊を読んだりしている。すると必ずコロ助がその場に現れて、私の膝の上に乗ってくるのだ。こたつ掛けの、私の両膝の間にできたくぼみの中にすっぽりと入って、二、三回クルクルと回ってから、そのまま体を丸くして寝てしまう。寝る前に小さな安堵のため息をつくこともある。

寒い冬の夜に、こたつを囲んでの一家団欒（だんらん）は、古くから日本のどこにでも見られた光景だが、そこに猫が一匹いてもまったく何の違和感もない。むしろその場をいっそう和ませるものでさえあるだろう。野良猫に関心がある例の私の友人はまたその写真を撮るのも好きで、こんなことも言っていた。

「猫は風景の中で、自分がどこに居れば周囲と調和がとれるかを、まるで知っているかのようだ。」

もちろんコロ助のほうは、ただそこが暖かく居心地がいいからそうしているだけなのだろうが、こうして私の膝の上で気持ちよさそうに眠っているところを見ると、彼の言うことは正にそのとおりだと思う。そして猫も家族の一員と言われるが、こうした光景こそその事を最もよく物語るものだろう。

第十六章　感謝

二匹の猫を飼い始めてから八年余りが過ぎた。二人とも生後数ヶ月でやって来たから、どちらも今年で八歳になる。人間でいえば五十歳を少し過ぎた頃、いわば働き盛りの壮年期だ。そうは言っても、普段彼らが家で何をしているわけでもないし、もともと本来の仕事とされてきたネズミを捕ることさえ、果たして今の彼らはどれだけ自覚しているか、はなはだ疑わしい。

中学生の頃から今までに、いくつかの違った種類の動物を飼ったことはあった。小鳥、金魚、熱帯魚、そして兎や犬。いずれの動物にもそれぞれの愛らしさ、飼育する楽しみ、また反対に難しさもあった。共通するのは、生き物を飼うことはとにかく大変で、彼らはいずれ私たちよりも先に死んでしまうということだ。

ところが猫の場合は、今まで飼ったどの動物とも明らかに違っていた。姿態の可愛さやしぐさの面白さ、またある種の神秘性などはよく言われることだが、何より彼らが、我々人間と日常の生活空間を共有しているという事実である。以前犬を飼ったことはあったが、外の庭に小屋があったのでこうした事はなかった。同じ空間で生活していれば直接触れ合う機会も増え、つぶさに観察できる時間も多くなる。それにある程度の知能を持っているから、何らかのコミュニケーションをとることも可能だ。

彼らがいるために却ってストレスになることもあるのは確かだが、彼らがいるおかげで私たちの普段の生活はずいぶんと彩りが豊かになる。どれだけ彼らは私たちの日常会話のなかに様々な話題を提供してくれることか。どれほど彼らは私たちの目元を緩め、こわばった口元を和らげてくれることか。ある時はただ座っているだけでその愛嬌ある姿勢が私たちを楽しませ、またある時はただ寝ているだけでその微笑ましい格好が私たちを喜ばせる。猫の魅力は実に多彩だ。

こうして彼らには大いに感謝しなければならないが、忘れてはならない人がもう一人いる。事前に家族には何の相談もなく、ある日突然、種類も性格も全く異なる二匹の仔猫を連れてきた家内の、あの大胆な行動がなかったなら、私はこのように喜怒哀楽入り混じった多様な日々を経験することは決してなかったろう。ありがとう、コロ助、ルー、そして家内にも。もっとも、普段の彼らの世話のほとんどは私がしているのだが。

あとがき

明治の物理学者、寺田寅彦は同時に優れた文筆家でもあった。専門の地球物理学の立場から述べた、「天災は忘れた頃にやって来る」という警句は昔からよく知られている。これもその随筆「天災と国防」の中に書かれた文章が、このような別の表現になって人口に膾炙（かいしゃ）するようになったらしい。

そして彼はまた、猫に強く心を惹かれた人でもあった。彼の書き残した多くの随筆の中には、猫について書かれたものもいくつかあって、冒頭に引用した文もそういう随筆の中の一節である。これを読んでみるとわかるように、彼も初めのうちは猫に特別関心があった訳ではなく、家族が飼いたいというので近所から譲り受けた猫を飼い始めたところ、その様子を見ているうちにいつの間にか猫の魅力に取りつかれてしまったようだ（寅と猫はどちらもネコ科の動物だから、きっと相性がいいのだろう）。

猫のことについて書いた作家や学者は多いが、寅彦の書いたものは、その対象の見方、記述の仕方において他のものとはかなり趣を異にしている。ある現象のなかに因果関係

を見つけようとする自然科学者らしい鋭く細かな観察と、客観的また即物的な記述の仕方が際立っている。それでいて、自らも嗜んでいた俳諧に通じる抒情性も失っていない。例えば「ねずみと猫」と題した随筆の最後のところで、ある秋の日の月夜の晩に、二匹の猫が並んで座っているのを見てこう記している。

「それをじっと見て居ると何となしに幽寂といったような感じが胸にしみる。そしてふだんの猫とちがって、人間の心で測り知られぬ別の世界から来て居るもののやうな気のする事がある。此のやうな心持は恐らく他の家畜に対しては起こらないのかも知れない。」――寺田寅彦「ねずみと猫」――

猫の不思議で神秘的なところに気付いた者でなければ書けない文章だろう。動物に対するこうした寅彦の姿勢や見方に学ぶところは多い。

文人としての寅彦は漱石門下の一人でもあったが、漱石もまた周知のとおり無類の猫好きだった。自分で飼っていた猫が死んだ時に、その死亡通知を書いて門下生たちに送った話は有名だ。そして誰もが知る代表作の一つ『吾輩ハ猫デアル』には自らつけた序文があって、その最後にこうある。

「猫が生きて居る間は――猫が丈夫で居る間は――猫が気が向くときは――余も亦筆を執らねばならぬ。」――夏目漱石「吾輩ハ猫デアル」――

私の家においても、冒頭の寅彦からの引用文にあるように、「何時の間にか此の二匹の猫は私の眼の前に立派に人格化されて、私の家族の一部としての存在を認められるやうになってしまった。」――寺田寅彦「子猫」――

私たちは彼らを家族として一人前に扱わねばならない義務があり、また彼らについてもっと多くの事を理解する必要もあるだろう。猫は人を詩人にもするし、科学者にもする。そのことを私は身をもって経験した。そして、初めて猫を飼った体験をもとにこうして一連の文章を書き終えた今、この明治の文豪に倣って私もまた同じ様な事を考えている。

彼らが私と生活を共にしている限り――彼らが元気で、また時には病んでいる時でも、――そして彼らの気まぐれに私が愛想をつかさない限り――私もまたペンを執ろうと思う。

芳賀　融（はが・とおる）

昭和 29 年（1954 年）、埼玉県生まれ。
一橋大学社会学部卒業。
昭和 54 年～平成 27 年まで、県立高校教員。
埼玉県熊谷市在住。

【著作】
詩集『意匠計画（文芸社）』
箴言集『言葉の種種（一粒書房）』

猫といる部屋

2020 年 8 月 7 日　第 1 刷発行

著　者　芳賀　融
発行人　大杉　剛
発行所　株式会社 風詠社
〒 553-0001　大阪市福島区海老江 5-2-2
大拓ビル 5 - 7 階
Tel 06（6136）8657　https://fueisha.com/
発売元　株式会社 星雲社
（共同出版社・流通責任出版社）
〒 112-0005　東京都文京区水道 1-3-30
Tel 03（3868）3275
印刷・製本　シナノ印刷株式会社

ISBN978-4-434-27833-4 C0095